Auguste Laugel

De l'Histoire scientifique
au XIXe siècle

essai

ISBN : 978-1541104402

10 9 8 7 6 5 4 3 2 1

Auguste Laugel

De l'Histoire scientifique
au XIXe siècle

essai

Table de Matières

Introduction

On accorde aujourd'hui, dans toutes les branches des connaissances humaines, une importance sans cesse croissante aux études historiques. La philosophie ne se contente plus de développer et d'examiner des systèmes ; en étudiant l'ordre où ils se sont succédé, les circonstances où ils ont pris naissance, elle s'attache à découvrir la trace des opérations successives de l'esprit humain. En politique, on sent de mieux en mieux chaque jour que l'intelligence du présent fait défaut à ceux qui n'en comprennent pas toutes les relations, apparentes ou cachées, avec le passé. Les sciences théologiques, sortant de la routine de l'interprétation littérale, appliquent la critique moderne à l'étude des livres sacrés de toutes les nations, et conduisent l'érudition historique dans des chemins tout nouveaux. L'histoire des beaux-arts n'a pas été plus désertée que celle des philosophies et des religions ; elle prêtait à l'étude de l'antiquité un secours trop précieux pour qu'il en pût être autrement. Dans cette vaste enquête ouverte sur le passé, ce qu'on a le plus négligé est sans contredit l'histoire des sciences. On peut expliquer cet abandon par plus d'un motif. Les résultats auxquels aboutissent les travaux scientifiques ont un caractère général, absolu, indépendant du temps et des circonstances extérieures ; rien ne révèle le caractère individuel, l'influence des races, des mœurs, des préjugés, des passions, dans les sévères abstractions mathématiques, ou dans les travaux qui ont pour objet l'investigation de la nature. Les vérités scientifiques, découvertes par une analyse de l'esprit, sont d'ordinaire transmises et enseignées sous une forme synthétique, qui fait disparaître en quelque sorte le travail de l'inventeur. C'est ce qui arrive surtout dans les traités mathématiques modernes, d'une texture si solide, si méthodique, où tout est si admirablement condensé. Les besoins de l'enseignement exigent qu'on y rassemble toutes les propositions dans un ordre logique, sans tenir compte de l'ordre historique des découvertes. À peine quelques noms célèbres y paraissent-ils çà et là, attachés par une vieille habitude à des théorèmes fameux : Descartes, d'Alembert, Kepler, Newton. On ne se préoccupe ni des circonstances qui ont amené ces grands hommes à aborder les problèmes qu'ils ont résolus, ni de la manière dont leurs recherches ont été liées entre elles et à celles de leur époque. La rigueur des déductions n'est affaiblie par aucune interruption, par aucun épisode.

L'histoire des sciences physiques et naturelles n'est, pour d'autres motifs, guère mieux connue que celle des mathématiques pures. Dans les sciences physiques les hypothèses sur la matière, dans les sciences naturelles les méthodes de classification, jouent un rôle prépondérant. Aussitôt que ces hypothèses et ces classifications se modifient, la langue est presque changée ; les écrits des anciens deviennent peu à peu incompréhensibles à la majorité des lecteurs. Combien de chimistes lisent aujourd'hui les livres où règne la croyance au phlogistique ? Le plus médiocre traité de physique moderne nous en apprend plus sur les propriétés de la lumière que l'*Optique* de Newton. Tel est le sort fatal des savants : plus vive est l'impulsion qu'ils donnent à leur temps, plus ils hâtent le moment où leurs ouvrages, quelquefois même leurs noms, doivent tomber dans l'oubli.

S'il n'est pas difficile d'expliquer, par toutes ces raisons, pourquoi l'histoire des sciences est si ignorée, il ne l'est pas plus de montrer que cet abandon est très regrettable. Entrepris par de vrais savants, dans des ouvrages comme celui qui a inspiré cette étude, les travaux d'un tel ordre nous fourniraient, pour l'histoire même de l'esprit humain, les documents les plus précieux. L'origine des langues, des idées métaphysiques et religieuses, demeure enveloppée d'une obscurité que la critique ne pourra jamais entièrement dissiper. Il n'en est pas ainsi des sciences : elles sont pour la plupart le fruit le plus récent du travail de la pensée humaine. Les siècles modernes ont vu fonder ces méthodes précises, auxquelles la chimie, la physique, la médecine, doivent leurs rapides et éclatants progrès.

Qu'un esprit philosophique observe les phases diverses de ce grand mouvement scientifique, il reconnaîtra bientôt qu'en remplissant sa laborieuse tâche, la pensée humaine n'a procédé qu'avec ordre ; qu'obéissant instinctivement à une loi supérieure, elle est toujours allée du simple au composé, et s'est dirigée avec une étonnante perspicacité. Qu'y a-t-il pour nous, jetés sur cette planète, de plus simple, de plus constant, de plus inaltérable que les mouvements des corps célestes ? Si sublime par l'infinité de son objet et les hautes pensées qu'elle inspire, l'étude des cieux était néanmoins plus directement abordable que celle d'un insecte vivant. Nous sommes tenus d'isoler les phénomènes avant d'en rechercher les lois, et les phénomènes célestes sont par eux-mêmes entièrement isolés. C'est pour cela que l'astronomie est la plus antique des sciences. Si loin que nous remontions, nous la trouvons cultivée chez tous les peuples, en Égypte, en Grèce, en Chine. M. Biot nous fait connaître un système d'observations astronomiques qui remonte aux temps les plus reculés.[1]

La loi générale de l'univers découverte par Newton, il ne restait à ses successeurs qu'à en multiplier les applications. L'une des forces qui régissent la nature était connue ; pour étudier les autres, il fallait descendre des cieux sur la terre. La physique étudia les agents auxquels sont soumis les phénomènes les plus généraux qu'on y observe ; la chimie, les actions mutuelles des substances variées qui s'y rencontrent. Ce n'est qu'après avoir approfondi les propriétés de la matière inorganique qu'on a pu avec quelque succès aborder l'étude de la matière organisée dans les plantes, les animaux des divers ordres, et enfin dans notre espèce elle-même. Le ciel, la terre, l'homme, voilà donc l'ordre logique aussi bien qu'historique des sciences.

On pourrait croire que les mathématiques pures, dont les raisonnements n'embrassent que des abstractions, auraient dû se développer en pleine indépendance, sans obéir en rien aux nécessités qui pesaient sur l'étude de la nature. Il n'en est pourtant pas ainsi : les sciences mathématiques ont de tout temps été les auxiliaires des sciences naturelles. À mesure que celles-ci ont appliqué l'observation à des sujets nouveaux, elles ont elles-mêmes agrandi le champ de leurs spéculations. Toute science mathématique est fondée sur une idée simple, unique : l'arithmétique sur l'idée du nombre, la géométrie sur celle de l'étendue, la mécanique sur la notion de la force, le calcul infinitésimal sur celle de la variation. Les sciences qui s'occupent de quantités invariables, nombres ou formes, ont dû naître les premières. Les autres, prenant dans la nature l'idée du mouvement, fournissent en quelque sorte une traduction idéale des phénomènes physiques ; aussi voit-on qu'elles sont le dernier fruit de l'analyse de l'esprit, et que leurs progrès sont

---

1 Sur l'antiquité de l'empire de la Chine, prouvée par les observations astronomiques.— Mélanges scientifiques, tome II, page 335.

liés d'une manière intime à ceux des sciences consacrées à l'étude de la matière. Ces considérations rapides feront suffisamment comprendre que l'histoire des sciences présente un très beau sujet de méditations au philosophe qui veut étudier la logique de l'esprit, non dans un homme en particulier, mais dans l'humanité elle-même. Ceux que ne touchent point ces spéculations abstraites peuvent trouver dans cette histoire bien d'autres motifs d'intérêt. De quelle façon les hommes voués aux sciences ont-ils été mêlés au mouvement de leur temps ? quels obstacles ont-ils eu à vaincre pour faire connaître et triompher leurs doctrines ? de quelle manière leurs idées ont-elles été reçues par les autorités spirituelles de leur pays, et de leur époque ? comment la science est-elle sortie de l'obscurité, du domaine dédaigné des spéculations pour participer au gouvernement des sociétés ? Voilà des sujets dont il est facile à chacun d'apprécier l'importance.

Section I

Les matériaux de l'histoire scientifique sont malheureusement peu nombreux. En France, nous devons les plus importants à l'habitude, déjà fort ancienne, des éloges académiques. Cette littérature des éloges mériterait, à elle seule, une étude particulière : M. Biot a, au reste, touché incidemment à ce sujet et donné son jugement sur l'œuvre des secrétaires perpétuels de l'Académie des Sciences.[1] Il nous montre « le fin et discret Fontenelle » introduisant, guidant le monde élégant de son temps dans le domaine de la science, alors tout nouveau ; Condorcet adressant, la veille de la révolution, à un public déjà moins frivole un langage plus sévère et plus élevé. À une époque plus rapprochée de nous, Cuvier trouve dans les éloges scientifiques l'occasion d'écrire « l'histoire même de la science, dans laquelle l'individu ne tient de place que par ses découvertes et par les circonstances qui ont réagi sur ses travaux. » M. Biot donne à ces notices un éloge mérité ; son jugement sur Delambre, qui fut le collègue de Cuvier pour les sciences mathématiques, se termine par ces mots dédaigneux : « Si ses notices sur l'histoire des sciences et des savants arrivent sous les yeux de la postérité, elle les verra

---

1 Comptes-rendus hebdomadaires des séances de l'Académie des Sciences, — Mélanges, tome II, page 267.

avec la même indifférence qu'il a mise lui-même aies écrire. » M. Fourier est peut-être traité avec une sévérité plus grande encore. M. Biot lui reproche de n'avoir pas approfondi les travaux qu'il avait mission d'analyser, d'avoir « loué plutôt qu'apprécié. » Les notices d'Arago, dont M. Biot ne parle pas, n'auraient pu encourir ce blâme ; une admirable clarté, une critique animée, un vif sentiment de la grandeur des sciences, les ont rendues justement populaires et les ont fait traduire dans toutes les langues.

Si remarquables qu'ils soient par le style ou les pensées, les éloges académiques ne peuvent constituer la véritable histoire scientifique : ce sont des documents précieux, aussi utiles pour l'appréciation du temps où ils ont été écrits que pour celle de l'époque où vivaient les grands hommes dont les travaux s'y trouvent analysés. Il ne faut pas oublier pourtant que les exigences du genre académique pèsent de tout leur poids sur ces productions à la fois littéraires et scientifiques, en restreignent l'étendue, en excluent les détails trop techniques, imposent une discrétion, une bienséance extrêmes, interdisent les révélations d'un caractère trop pénible ou trop intime. L'histoire au contraire arrache tous les voiles, fouille, dissèque, peut laisser pénétrer partout sa curiosité, qui n'est plus dangereuse ou importune. Les éloges académiques d'ailleurs ne peuvent jamais suivre de très loin la mort des hommes dont ils célèbrent les services ; quelquefois la distance est trop faible pour que l'appréciation puisse être complète. Il était impossible à un contemporain de Newton de comprendre toute la portée de ses découvertes, qui échappait sans doute à Newton lui-même. Le temps abaisse les uns et élève les autres. Le nom d'Ampère est plus grand aujourd'hui qu'il n'était de son vivant. Combien d'autres noms, autour desquels il se fait pour un jour beaucoup de bruit, tombent avec le temps dans l'indifférence et dans l'oubli !

Parmi les matériaux les plus précieux de l'histoire scientifique, il faut placer les comptes-rendus que toutes les académies et les sociétés savantes ont pris l'habitude de publier : ce ne sera pas là un des moindres avantages de cette publicité qui de nos jours a envahi jusqu'au domaine, autrefois solitaire, des sciences. Tout en admettant que cette publicité est devenue nécessaire, et qu'on ne peut plus songer à la restreindre, M. Biot en déplore les inconvénients. « L'Académie, dit-il, est devenue une sorte de bureau d'annonces gratuit ouvert indifféremment à tout le monde. » C'est vrai ; mais est-il bien difficile à qui sait chercher de découvrir ce qui a une véritable valeur dans cette foule de communications qui accablent les académies ? n'y a-t-il pas quelque intérêt à y suivre le mouvement général des esprits, à voir vers quelles questions chimériques ou sérieuses ils se tournent, à quels stimulants variables ils obéissent ?

Le principal avantage de la publicité moderne a peut-être été de rendre plus rares les tristes contestations que soulevait autrefois l'annonce de chaque découverte. Que de savants, même parmi les plus illustres, ont abaissé leur caractère en entreprenant de ravir à d'autres le fruit de longs travaux, ou en se défendant contre leurs rivaux par d'indignes moyens ! Qu'y a-t-il de préférable, la publicité actuelle, ou les précautions dont s'entouraient les grands savants des siècles passés ? Ils enfermaient dans de mystérieux anagrammes le secret de leurs découvertes, communiquaient les résultats de leurs recherches sans indiquer par quelle méthode ils y étaient parvenus, cherchaient à étonner et à confondre leurs contemporains plutôt qu'à les instruire. Ces habitudes de mystère et de défiance nous paraissent aujourd'hui presque inexplicables ; mais on peut s'en rendre compte par plus d'un motif : elles n'avaient pas seulement pour cause la jalousie scientifique, il faut encore se rappeler que la crainte des autorités spirituelles retint longtemps la science dans le mystère et l'isolement. Quelques exemples éclatants montrèrent dès le début contre quels adversaires les vérités nouvelles, qui ne dépendaient que du raisonnement et de l'observation, auraient à lutter. La condamnation du système de Copernic fut la déclaration de guerre de l'église à la science : peu après, l'arrêt qui frappa Galilée consterna tous les savants, qui se sentirent frappés avec lui, et s'accoutumèrent à éviter le bruit avec autant de soin qu'on en met quelquefois à le rechercher aujourd'hui. Parmi les nombreux chapitres de l'ouvrage de M. Biot, il n'en est pas de plus intéressant que celui qu'il consacre à la vie et au, procès de Galilée. C'est aussi celui pour lequel il a eu occasion d'utiliser les documents les plus nouveaux et les moins connus. On peut suivre en quelque sorte heure par heure, dans le récit animé de M. Biot, toutes les péripéties de ce procès mémorable, qu'il appelle avec raison un grand drame philosophique, et qui restera toujours une des dates solennelles de l'histoire de la papauté en même temps que de l'histoire des sciences. S'attacher, sur les pas de M. Biot, à ce mémorable épisode, ainsi qu'aux incidents d'une autre grande carrière scientifique, celle de Newton, ce sera montrer l'histoire des sciences sous son plus noble aspect peut-être, comme l'instructif et l'indispensable auxiliaire de l'histoire même de la civilisation.

Après la barbarie du moyen âge, l'Italie vit, avant toutes les autres nations, renaître les études scientifiques dans ses couvents et ses académies : l'église les encourageait puissamment, et rien ne faisait prévoir les sévérités dont Galilée fut la célèbre victime. L'église avait, comme on sait, adopté les doctrines d'Aristote ; mais dès le milieu du XVe siècle les idées platoniciennes avaient conquis des partisans considérables. À l'encontre d'Aristote, le cardinal Nicolas de Cusa avait, longtemps avant Copernic, nié l'immobilité de la terre ; il pensait encore à la vérité que le soleil tourne autour de notre planète, mais il croyait que tous deux sont emportés d'un mouvement commun dans les cieux. Copernic vint s'instruire dans les écoles de Padoue, de Rome et de Bologne avant de s'établir à Frauenbourg, où pendant trente-trois années il travailla à son ouvrage sur les révolutions des corps célestes. Le célèbre chanoine y attaqua hardiment la croyance à l'immobilité de la terre : prévoyant que sa révolution scientifique rencontrerait une violente opposition parmi les théologiens, il retarda l'impression de son ouvrage aussi longtemps que possible. Il fallut de nombreuses instances, notamment celles du cardinal Schonberg et de Tiedemann Gise, évêque de Culm, pour l'y déterminer. Le livre parut l'année même où mourut Copernic. Dans sa dédicace, adressée au pape Paul III, Copernic exprime la crainte que « de sots bavards, étrangers à toute connaissance mathématique, aient la prétention de porter un jugement sur son ouvrage, en torturant à dessein quelque passage des saintes Écritures… Afin de prouver que, quant à lui, profondément pénétré de la justesse de ses résultats, il ne redoute aucun jugement, du coin de terre où il est relégué, il en appelle au chef de l'église et lui demande protection contre les injures des calomniateurs. Il le fait avec d'autant plus de confiance que l'église elle-même peut tirer parti de ses recherches sur la durée de l'année et sur les mouvements de la lune. »

Plus prudent que Copernic, Osiander, qu'il avait chargé de

surveiller l'impression de son livre à Nuremberg, crut nécessaire d'y ajouter une introduction où il représente les conceptions nouvelles relatives au mouvement des planètes non comme des vérités absolues, mais simplement comme une hypothèse commode pour les astronomes. « Il n'est pas nécessaire, écrivait-il, que ces hypothèses soient vraies, ni même vraisemblables ; il suffit qu'elles facilitent l'accord du calcul avec les opérations. » On a quelquefois attribué cette opinion à Copernic ; mais tout ce qu'il a écrit contredit une semblable assertion. On en jugera par ce seul passage : « Par nulle autre combinaison, je n'ai pu trouver une symétrie aussi admirable dans les diverses parties du grand tout, une union aussi harmonieuse entre les mouvements des corps célestes, qu'en plaçant le flambeau du monde, ce soleil qui gouverne toute la famille des astres dans leurs évolutions, sur un trône royal, au centre du temple de la nature. »

Les déclarations d'Osiander eurent néanmoins pour effet de garantir pendant longtemps le système de Copernic, et d'empêcher qu'il ne fût formellement condamné ; mais on ne peut douter que, dès le début, l'église n'y aperçût une doctrine hérétique. Le procès de Giordano Bruno donne de cette disposition de l'église une preuve convaincante : il n'a jamais été publié, comme vient de l'être celui de Galilée ; mais nous connaissons une lettre très curieuse écrite par un Allemand, Gaspard Schoppe, qui habitait Rome au moment où Bruno périt sur les bûchers du saint-office. Cette lettre nous apprend que, parmi les nombreux griefs articulés par les juges, la croyance au mouvement de la terre tenait sa place à côté des plans de réforme religieuse et sociale et des projets révolutionnaires du moine dominicain.

L'histoire de Galilée ne permet pas de douter que la condamnation officielle du système de Copernic fût un coup dirigé contre Galilée lui-même, quand celui-ci réunit les preuves les plus décisives en faveur de la nouvelle hypothèse. M. Biot nous le montre, dès vingt-cinq ans, déterminant par des expériences demeurées célèbres les lois fondamentales du mouvement, puis, quand il apprend qu'un Hollandais a réussi à construire un instrument qui agrandit les objets éloignés, inventant à son tour la lunette d'approche. Dès ce moment, ses découvertes se succèdent sans interruption, et il explore rapidement le ciel entier : il aperçoit et mesure les montagnes de la lune, découvre le croissant de Vénus, les taches du soleil, étudie le petit monde de Jupiter (*mundus jovialis*), entouré de son cortège de satellites, et imagine d'utiliser l'observation de ces satellites pour la détermination des longitudes terrestres ; il aperçoit autour de Saturne des appendices où après lui on reconnut un anneau. Ces brillantes découvertes enflamment l'enthousiasme de Galilée : il appelle avec énergie ces nouveautés « les funérailles de la fausse philosophie. » La doctrine de Copernic se dégage des doutes et de l'incertitude des hypothèses pour prendre place parmi les vérités démontrées : c'est le moment que choisit l'église pour l'attaquer. Un dominicain nommé Caccini prêche contre les idées nouvelles, en prenant pour texte ces paroles à double entente : *Viri Galilœi, quid statis aspicientes ad cœlum* ? Il établit « que la mathématique est un art diabolique, et que les mathématiciens, comme auteurs de toutes les hérésies, devraient être bannis de tous les pays chrétiens. » Un autre dominicain, Lorini, dénonce directement Galilée au saint-office. Enfin le célèbre astronome vient défendre ses doctrines à Rome et essaie de montrer qu'elles n'ont rien d'inconciliable avec les textes de l'Écriture.

Le 5 mars 1616, la congrégation de l'Index lançait l'interdit contre le système de Copernic et faisait défense à Galilée de le professer. Quand le cardinal Maffeo Barberini fut nommé pape sous le nom d'Urbain VIII, Galilée, à qui le nouveau pontife avait toujours témoigné de grands égards, essaya de faire révoquer la sentence qui pesait sur ses croyances astronomiques. « Il s'aperçut bientôt, dit M. Biot, que dans cette cour on n'aime pas à se dédire. » On lui accorda des audiences, des médailles, avec force *agnus Dei* ; mais la condamnation fut maintenue. C'est alors que Galilée se décida à faire paraître ses fameux *Dialogues*, où trois personnages discutent et comparent la doctrine de Ptolémée et le système de Copernic. Les arguments de l'adversaire de Ptolémée sont, comme on peut l'imaginer, sans réplique ; mais Galilée laisse pourtant la satisfaction d'un triomphe nominal à ses deux interlocuteurs, dont l'un, nommé Simplicius, oppose à toutes les raisons l'autorité suprême d'Aristote. Galilée réussit à obtenir à Rome même, du *maître du sacré palais*, la permission d'imprimer son ouvrage. Ses démarches excitaient pourtant quelques soupçons : on lui redemanda le livre pour l'examiner de nouveau ; mais, sans attendre plus longtemps,

Galilée se hâta de mettre à profit l'autorisation qu'il avait reçue, et fit paraître les *Dialogues* à Florence. Pour conjurer les colères de Rome, il annonça qu'il n'avait écrit ces *Dialogues* que pour montrer aux étrangers qu'on n'avait pas condamné le système de Copernic sans discernement, et les représenta comme une sorte de résumé des débats à la suite desquels la congrégation de l'Index avait prononcé son jugement. L'église ne fut pas dupe de cette ironique déclaration, et l'auteur des *Dialogues* fut mandé à Rome par le saint-office.

Les documents que M. Biot a utilisés pour raconter le procès de Galilée sont des plus curieux. Évoquant des souvenirs personnels, il raconte que, faisant une visite au pape Léon XII, il rencontra dans les antichambres du Vatican le père Benedetto Morizio Olivieri, commissaire-général du saint-office, et apprit de lui que les pièces originales du procès de Galilée avaient été envoyées au roi Louis XVIII, qui désirait en prendre communication. Ces pièces furent égarées dans le désordre des cent-jours, et depuis 1814 le Saint-Siège ne cessa de les réclamer. Elles furent enfin retrouvées, et sous le règne de Louis-Philippe M. Rossi rapporta ces documents à Rome, où l'on promettait formellement de les publier. On choisit comme éditeur Mgr Marino-Marini, dont M. Biot a pu consulter le livre intitulé *Galileo e l'Inquisizione*. Il est fâcheux que tous les textes originaux n'aient pas été publiés intégralement, et que Mgr Marino-Marini ne reproduise jamais textuellement les passages les plus significatifs. « En cela, dit avec raison M. Biot, il a eu un grand tort, car non-seulement il manque à la condition d'entière publicité qui avait été acceptée, mais encore il porte préjudice à la vérité, que Rome avait tant d'intérêt à mettre au jour. En effet, tout son livre est empreint d'un tel sentiment de malveillance, si continu et si aigre contre le malheureux Galilée, qu'il semblerait en vérité s'être proposé non pas d'exposer avec sincérité les circonstances de son procès, mais plutôt de le refaire pire qu'il n'avait été alors. »

L'ouvrage suspect de Mgr Marino-Marini trouvait heureusement un précieux contrôle dans les dépêches officielles de l'ambassadeur de Toscane, chez lequel résida Galilée pendant tout le temps de son séjour à Rome, sauf les jours où il fut détenu au saint-office. L'ambassadeur eut les soins les plus touchants pour le malheureux accusé placé sous sa protection, et a rendu un compte détaillé de tout ce qui survint pendant la durée de la procédure. En comparant les versions de l'ambassadeur toscan Niccolini et celles de Mgr Marino-Marini, M. Biot a réussi à convaincre celui-ci de mauvaise foi sur quelques points importants. Toutefois, en scrutant habilement les nombreuses pièces de ce singulier procès, en rapprochant les dates, en commentant l'ouvrage récent avec les documents déjà connus, il est parvenu à démontrer presque jusqu'à l'évidence que, contrairement à une opinion longtemps incontestée, Galilée n'avait pas été soumis à la torture, et qu'il en fut seulement menacé. Les supplices furent épargnés à l'infortuné vieillard, infirme et septuagénaire. « Non, s'écrie éloquemment M. Biot, Galilée ne fut pas physiquement torturé dans sa personne ; mais quelle affreuse torture morale ne dut-il pas souffrir, quand, sous la terrible menace des supplices et des cachots, il se vit misérablement contraint à se parjurer contre lui-même, à renier les immortelles conséquences de ses découvertes, à déclarer vrai ce qu'il croyait faux, et à faire serment de ne plus soutenir désormais ce qu'il croyait la vérité ! Comprend-on bien les angoisses de ce martyre, les amertumes dont cette intelligence d'élite fut abreuvée ? Et l'on ne proscrivit pas seulement ses pensées d'autrefois ; on s'efforça de les enchaîner pour toujours. Depuis cette époque fatale de 1633 jusqu'à sa mort, arrivée le 8 janvier 1642, c'est-à-dire pendant les neuf dernières années de sa vie, le malheureux Galilée resta dans un état de suspicion sourde et de surveillance inquiète, dont la rigueur le poursuivit au-delà du tombeau. Des théologiens fanatiques voulurent contester la validité de son testament et lui faire refuser la sépulture ecclésiastique, comme étant décédé sous le coup d'un châtiment infligé par l'inquisition. »

La sentence d'abjuration mérite d'être connue. Non-seulement Galilée fut obligé de déclarer solennellement « qu'il maudissait et détestait ses hérésies, » mais il dut encore s'engager, « au cas où il connaîtrait quelque hérétique, ou quelqu'un suspect d'hérésie, à le dénoncer au saint-office, ou à l'inquisiteur du lieu où il se trouvait. » Il n'est guère possible d'admettre qu'après avoir prononcé cette humiliante déclaration, Galilée ait dit le fameux *e pur si muove*, en présence des hommes mêmes qui l'avaient menacé de la torture pour lui arracher une renonciation mensongère aux doctrines de sa vie entière. M. Biot, dans la vie de Galilée qu'il écrivit en

Auguste Laugel

1816 pour la *Biographie universelle*, rapportait ces paroles sans les mettre en doute ; aujourd'hui il n'hésite pas à en nier l'authenticité.

Le récit émouvant de M. Biot sera lu par tout le monde avec un extrême intérêt ; mais, tout en admettant l'ensemble de ses conclusions sur le procès de Galilée, on pourra être étonné de l'indulgence de son jugement sur la conduite d'Urbain VIII. Il est bien vrai sans doute que le jésuite Christophe Scheiner, pour se venger de n'avoir pu enlever à l'astronome florentin la découverte des taches du soleil, avait fait charitablement insinuer au souverain pontife que Galilée l'avait peint dans les *Dialogues* sous le nom de Simplicius. Ce personnage y présente en effet un argument dont le pape s'était servi, en causant avec Galilée, à l'époque de la condamnation du système de Copernic. Voilà ce que M. Biot appelle les « torts personnels » de Galilée, et par quoi il essaie d'excuser la sévérité d'Urbain VIII. En parcourant les documents mêmes employés par M. Biot, on voit néanmoins que la responsabilité des rigueurs déployées contre Galilée remonte tout entière à Urbain YIII, et que la politique, non la clémence, lui épargna seule les plus sévères. La mémoire de ce pape gagnera-t-elle beaucoup à ce qu'il soit bien établi qu'en persécutant l'astronome florentin, il vengeait son amour-propre blessé plus que l'orthodoxie ? Ce n'était pas un de ces pontifes dont les actes violents peuvent trouver une sorte d'excuse dans un fanatisme sincère. D'un esprit naturellement enjoué, aimant à rimer des sonnets, Urbain VIII n'a aucun des traits de ces figures sévères que l'histoire de la papauté nous a transmises. Quand le gouvernement espagnol retenait Campanella dans les prisons de Naples, ce pape n'épargna point les efforts pour que le philosophe calabrais fût transféré à Rome, sous prétexte qu'il était accusé d'hérésie et ne relevait que de l'inquisition. Il traita son prisonnier avec une indulgence extrême, prit parti contre ses ennemis, et finit par lui rendre la liberté. Or les folles et grossières théories sociales de Campanella méritaient plutôt une condamnation que les travaux de Galilée, et l'on aurait au moins pu avoir pour des spéculations purement astronomiques la même tolérance que pour des systèmes où la morale souffre autant que la raison.

La condamnation de Galilée eut des conséquences fatales : Gassendi et Bouillaud en répandirent le bruit en France. En l'apprenant quatre mois seulement après qu'elle eut été prononcée, Descartes, dans la crainte d'offenser le Saint-Siège, se résolut à ne pas publier l'immense ouvrage qu'il préparait sur l'ensemble de la nature, et auquel il avait déjà consacré de longues années de travail. L'arrêt qui frappa Galilée eut encore des effets plus généraux et plus durables : en repoussant les résultats de l'observation et du raisonnement, l'église traça entre la foi et la science cette ligne que le XVIIIe siècle creusa depuis si profondément ; elle provoqua elle-même ce redoutable conflit qu'elle s'efforça en vain d'apaiser, quand elle en eut aperçu tous les dangers. Les pays où l'autorité spirituelle ne prononça point elle-même le divorce entre les vérités démontrées et les vérités révélées n'ont pas été troublés par d'aussi ardentes hostilités : la science y a le plus souvent mis complaisamment ses découvertes au service des idées religieuses et philosophiques. Où pourrait-on en trouver de meilleures preuves que dans l'Angleterre, pays par excellence de la théologie naturelle, qui emprunte à la fois ses arguments à la science et à la révélation ? Où pourrait-on trouver d'ailleurs un plus saisissant exemple de l'intérêt que peut offrir l'histoire scientifique dans un pays libre ? M. Biot nous montre Galilée persécuté par Rome ; il nous apprend aussi que Newton, Napier, — et après eux on pourrait citer presque tous les grands noms scientifiques de l'Angleterre, — ont été les défenseurs et les champions de l'église anglicane et des doctrines de la réforme.

Section II

La renaissance des sciences fut beaucoup plus tardive en Angleterre qu'en Italie. On ne peut dire que Bacon en donna le signal, il y prépara seulement les esprits par une réforme philosophique. Comme le fait remarquer M. Biot, il n'appliqua jamais lui-même la méthode inductive. « C'est Galilée, écrit-il à ce sujet, qui a montré l'art d'interroger la nature par l'expérience. On a souvent attribué cette gloire à Bacon, mais ceux qui lui en font honneur ont été, à notre avis, un peu prodigues d'un bien qu'il ne leur appartient pas de dispenser... Si Bacon, ajoute-t-il un peu après, a eu tant de part aux découvertes qui se sont faites après lui dans les sciences, qu'on nous montre donc un seul fait, un seul

Auguste Laugel

résultat de son invention qui soit de quelque utilité aujourd'hui ! » Il est très vrai que la gloire d'avoir enrichi des premiers résultats positifs les sciences d'observation appartient à Galilée ; la gloire de Bacon a été d'une autre sorte. S'il n'a rien fait lui-même pour les sciences, il a montré ce que les sciences devaient faire. Dans un essai célèbre sur l'auteur du *Novum Organum*, l'historien anglais Macaulay a, ce nous semble, parfaitement caractérisé le rôle de ce grand homme ; il montre les sciences avant lui dédaignant les applications et cultivées comme de simples jeux de l'intelligence, Platon professant que la géométrie se dégrade par les services qu'elle rend au vulgaire, Socrate annonçant à ses disciples que la connaissance des mouvements des corps célestes doit uniquement servir à élever l'âme vers des vérités aussi indépendantes des étoiles que les vérités géométriques le sont des lignes que nous figurons sur le sable. Ce dédain du réel et de l'utile était poussé jusqu'aux conséquences les plus absurdes : Platon allait jusqu'à prétendre que l'invention de l'écriture alphabétique avait affaibli l'esprit humain, en diminuant le travail de l'intelligence et de la mémoire. Sa philosophie ne tendait qu'à exalter l'âme par la contemplation de l'idéal ; celle d'Aristote enfermait l'esprit dans des formules inflexibles. Bacon pensa que les sciences devaient se proposer comme but d'améliorer la condition de l'homme et de préparer son affranchissement moral par son affranchissement physique : obéissant au génie pratique de sa nation, il tira la science des chimères, et lui assigna l'observation comme méthode et l'étude de la nature comme but.

Son heureuse influence ne put porter tous ses fruits que lorsque la fureur des guerres civiles fut épuisée et qu'un peu de calme fut rendu à l'Angleterre. Les sciences ne commencèrent à être cultivées avec suite qu'à l'époque où Charles II remonta sur le trône. Alors fut fondée la Société royale, destinée à devenir rapidement si célèbre ; les plus grands personnages se firent les patrons des savants. Charles II lui-même aimait à se distraire dans son laboratoire de Whitehall de l'ennui des affaires et de la satiété des plaisirs. Parmi les noms remarquables de cette période, on peut nommer le chimiste Boy le, Wallis, Barrow, Ray et Woodward, dont les travaux sur la zoologie ne sont pas encore oubliés ; Halley, qui créa la météorologie ; Flamsteed, qui fonda le fameux observatoire de

Greenwich, et y amassa patiemment de si précieuses observations ; mais tous ces noms pâlissent devant celui de Newton.

Un volume presque entier des *Mélanges scientifiques et littéraires* de M. Biot est rempli par des études sur la vie et les travaux de ce grand homme. Ces études forment, avec celles qui sont relatives à Galilée, la partie la plus attachante de tout l'ouvrage. La première est une notice insérée en 1816 dans la *Biographie universelle* ; depuis cette époque déjà éloignée, de nombreux documents ont révélé une grande quantité de nouveaux faits relatifs au grand astronome anglais. On les trouve pour la plupart réunis dans la *Biographie de sir Isaac Newton*, publiée récemment par sir David Brewster.[1] La publication de la *Correspondance* de Newton avec Flamsteed, dont les observations lui furent si utiles, et Cotes, qui révisa, sous sa direction, la deuxième édition de ses *Principes*, a permis à M. Biot d'éclaircir des questions scientifiques du premier intérêt, liées aux travaux de Newton, à ses méthodes et à ses découvertes. La réimpression toute récente du *Commercium epistolicum*, recueil des lettres échangées entre Newton et Leibnitz au sujet de la découverte du calcul différentiel, a donné l'occasion à l'académicien français de porter un dernier jugement sur la question qui divisa les deux illustres rivaux. Les diverses études de M. Biot sur Newton ayant été publiées à des époques quelquefois fort éloignées, et dans des recueils divers, il en est résulté que souvent il y a été dans l'obligation de se répéter lui-même en reparlant des mêmes événements. Dans les *Mélanges scientifiques*, où tous ces travaux sont réunis, le lecteur peut suivre, non sans intérêt, les changements qui s'opèrent dans la pensée et les opinions de l'auteur à mesure que des documents nouveaux éclairent le sujet qu'il traite : le Newton du début n'est pas le Newton de la fin. Du milieu des rectifications, des renvois, des additions, on a un peu de peine toutefois à dégager une opinion définitive ; mais, si M. Biot a consacré quarante ans de recherches assidues à l'étude de la vie et des ouvrages de Newton, il a bien le droit d'exiger quelques efforts de la part de ceux à qui il communique les résultats de sa longue et patiente œuvre critique. Personne ne regrettera d'avoir relu à plusieurs reprises ces curieuses études, où la première

---

1 Voyez à ce sujet les études sur Newton publiées par M. Paul de Rémusat dans la Revue du 1er et du 15 décembre 1850.

Auguste Laugel

place appartient à l'un des hommes les plus extraordinaires qui aient jamais vécu. Tout ce qui concerne ce penseur solitaire et profond, qui, avant vingt-cinq ans, avait achevé ses plus grandes découvertes, doit intéresser le philosophe autant que le savant, car jamais aucun autre homme ne montra à un pareil degré jusqu'où peut aller la puissance de la pensée. Newton restera comme un type dans l'histoire de l'esprit humain : l'audace de ses conceptions nous étonne encore aujourd'hui ; ses ouvrages demeurent comme ces monuments où chaque siècle découvre des beautés et des harmonies nouvelles. Ce qui frappe surtout en lui, c'est qu'en toute chose il visait au plus grand : les difficultés ordinaires étaient des jeux pour son intelligence ; rien que pour poser les problèmes qui le tentaient, il fallait du génie, et il les résolut.

En astronomie, Newton eut la pensée hardie d'examiner si la force qui maintient les astres dans les orbites qu'ils parcourent n'est pas la même que celle qui retient ensemble les diverses parties de notre globe et les objets qui en couvrent la surface. Les observations si incomplètes de son temps lui suffirent pour vérifier la justesse de cette grande conception et découvrir les lois de l'attraction universelle. En physique, il choisit de préférence, comme objet de ses études, les phénomènes optiques, les plus difficiles à analyser, et l'on pourrait presque dire les plus immatériels. Sa méthode mathématique était seule une prodigieuse découverte ; mais il semblait oublier ses propres instruments devant la grandeur des résultats auxquels ils l'avaient aidé à parvenir. Il garda longtemps secrète la découverte des fluxions, et ne la communiqua qu'incidemment au professeur Barrow, à propos d'un ouvrage publié par le géomètre Mercator. La crainte des controverses scientifiques tendit encore à augmenter sa réserve naturelle : il fallait le solliciter pour obtenir ses manuscrits. Chaque fois qu'il annonçait une nouvelle découverte, il trouvait toujours son collègue à la Société royale, Hooke, prêt à la lui disputer. L'hostilité de Hooke, esprit brillant et subtil, mais superficiel, était d'autant plus vive qu'il avait passé en quelque sorte près de plusieurs grandes découvertes sans les apercevoir et les saisir. M. Biot cite un extrait de ses livres où l'attraction se trouve pressentie : la force qu'il n'avait fait que deviner, Newton la calcula, la mesura, lui donna une formule. C'est dans cette formule qu'est toute la découverte. L'opposition de Hooke s'exerça aussi avec une importune persistance sur les beaux travaux de Newton relatifs à la lumière. Il attaqua avec beaucoup d'habileté l'hypothèse que Newton admettait relativement à la nature et aux propriétés du fluide lumineux ; mais, ainsi que M. Biot le montre, les résultats que l'observation avait fournis à Newton sont indépendants de toutes les hypothèses. Newton fut si chagriné de ces attaques, qu'il attendit la mort de Hooke pour publier l'*Optique*.

Il faut lire dans les *Mélanges* de M. Biot l'analyse de ce grand ouvrage, aussi bien que celle des Principes, où Newton renferma la théorie de l'attraction universelle et tous les résultats qu'il était parvenu à en déduire. Le savant français ne parle point de ces livres immortels avec l'admiration banale qu'on accorde toujours à ce que le temps a consacré : il en a pris une intime connaissance, il a approfondi toutes les questions, recherché avec patience, sous la sévère synthèse de Newton, la trace des procédés analytiques qu'il a employés, examiné avec le secours de toutes les découvertes modernes comment ses inductions sur un grand nombre de points ont été vérifiées, comment sur d'autres ses résultats ont été corrigés ou complétés. Ce travail critique présentait de très grandes difficultés. Aujourd'hui encore la lecture des *Principes* est extrêmement ardue. Faut-il s'étonner dès lors qu'ils n'aient pas été compris au moment où ils parurent ? Personne, pas même Leibnitz et Huyghens, n'en saisit la force et la profondeur. Newton sentit qu'il devait perfectionner son ouvrage ; mais, âgé déjà, très absorbé par ses fonctions de *garde de la monnaie*, il avait besoin d'un auxiliaire : il le trouva dans Cotes, jeune professeur de Cambridge. Le chapitre que M. Biot a consacré à la correspondance de Cotes et de Newton est des plus instructifs. Les points les plus délicats de la théorie de l'attraction universelle s'y trouvent controversés. Un fait qui ressort de cette discussion, c'est que Cotes, plein d'intelligence et de pénétration, fut très utile à Newton ; il éveillait son esprit aux objections, l'obligeait à donner à ses pensées la forme la plus claire. Cotes mourut très jeune : Newton ressentit vivement sa perte. « Si Cotes eût vécu, disait-il, nous aurions su quelque chose. »

La fin de la vie de Newton fut troublée par de pénibles débats avec Leibnitz au sujet de la priorité de la découverte du calcul différentiel. La forme que le géomètre allemand donna à cette méthode mathématique est celle qui a été universellement adoptée ; elle présente une notation plus simple et plus commode, et, comme M. Biot le montre bien, se prête avec une plus grande facilité aux recherches analytiques. Si l'on compare les deux méthodes au point de vue des services qu'elles ont rendus, il est certain qu'il faut, avec M. Biot et les illustres autorités qu'il cite, donner la préférence à celle de Leibnitz ; mais celle de Newton rachète cette infériorité par ce qu'on pourrait nommer sa perfection métaphysique. Elle est fondée sur l'application de l'idée du mouvement à la génération des formes géométriques, et n'est affaiblie par aucun *postulatum*, aucune incertitude. La méthode de Leibnitz, qui repose sur la considération des infiniment petits, est par là même, comme tous les géomètres le savent bien, sujette à des objections que personne n'a encore levées complètement, pas plus Auguste Comte que Carnot. Les principes du calcul différentiel, tel qu'on le présente ordinairement, ont besoin d'être vérifiés et justifiés en quelque sorte par les applications : ils ne jouissent ainsi que d'un genre d'évidence imparfait.

Cette abstruse question de la métaphysique du calcul infinitésimal n'était pas celle qui divisait Newton et Leibnitz ; ils se disputèrent la découverte elle-même. L'histoire de leurs fâcheux débats est aujourd'hui trop connue pour qu'il soit nécessaire d'y revenir en détail. On sait que la Société royale s'établit juge entre les deux rivaux ; leur correspondance fut publiée sous le nom de *Commercium epistolicum*. L'examen des pièces, qui sont entre les mains du comte de Portsmouth, a donné la preuve que Newton fut le véritable éditeur de ce recueil, fait avec une grande partialité. On sait aussi aujourd'hui qu'il en composa lui-même une analyse anonyme pour les *Transactions philosophiques*. S'il chercha ainsi à influencer ses juges, il eut plus tard d'autres torts, et, après la mort de Leibnitz, il fit réimprimer le *Commercium epistolicum* avec des changements et des additions, tout en laissant sur la première page le titre et la date de l'édition primitive. Quand la troisième édition des *Principes* parut, il supprima un scolie où il avait déclaré que Leibnitz, sous une forme particulière, avait découvert le calcul différentiel en même temps que lui. Si graves que furent les torts de Newton, on ne peut les comparer à ceux de Leibnitz, qui, après avoir consulté Newton sur sa méthode des fluxions, se donna bientôt lui-même comme le seul inventeur du calcul différentiel, qui, après avoir tenté de ravir à son adversaire les découvertes des Principes, les dénigra, les attaqua avec violence, les rangea dédaigneusement parmi les *contes de fées*, les *chimères*, qui alla enfin jusqu'à accuser Newton auprès de ses illustres protecteurs de propager des doctrines impies et dangereuses pour la religion.

Dans l'histoire de cette triste controverse, M. Biot a montré peu d'indulgence pour Newton. La plupart des biographes s'aveuglent sur les défauts et les imperfections de ceux dont ils racontent la vie ; leur ton est constamment apologétique, et leur admiration déréglée s'applique indistinctement à tous les actes où leur héros a pris la moindre part. Sir David Brewster par exemple est de ce nombre, mais personne ne pourra faire un semblable reproche à M. Biot. La crainte de s'aveugler sur des défauts et des erreurs l'a, ce nous semble, quelquefois entraîné à en exagérer la gravité, et l'on éprouve, il faut l'avouer, une impression assez pénible en le voyant prendre tant de peine pour rabaisser le caractère du même homme dont il a tant exalté le génie. Il est malheureux que la timidité naturelle de Newton et ses habitudes de mystère l'aient entraîné dans des voies souterraines, quand il lui était si facile de se défendre hautement : comme il arrive presque toujours, ses précautions contre ses ennemis lui ont plus nui que ses ennemis eux-mêmes. Ajoutons que si, dans sa lutte contre Leibnitz, il se laissa emporter jusqu'à l'injustice, si dans une autre circonstance il eut quelques torts envers Flamsteed, Newton fit preuve pendant sa vie entière, dans ses relations habituelles avec ses maîtres, ses collègues, ses élèves, d'une parfaite loyauté, d'une modestie scientifique qui allait jusqu'au désintéressement.

Il est un autre point sur lequel on hésitera plus encore à partager l'opinion de M. Biot : je veux parler de la prétendue folie de Newton. Quand M. Biot écrivait, en 1816, sa première notice, on ignorait encore toute l'étendue des travaux auxquels Newton s'était livré après la publication de la première édition des *Principes*. M. Biot s'étonnait de voir que « depuis cette époque, en 1687, à l'âge de quarante-cinq ans, ce génie si éminemment inventif n'eût plus donné de travail nouveau sur aucune partie des sciences et se fût borné à faire connaître ce qu'il avait composé avant cette époque, d'après d'anciens manuscrits, quelquefois imparfaits, qu'il n'avait pas le courage de compléter. » Ce qui lui paraissait « un mystère » lui sembla expliqué par une note écrite de la main de Huyghens, et trouvée dans la bibliothèque de Leyde. Dans cette note, aujourd'hui bien connue, on voit qu'Huyghens apprit d'un Anglais que Newton était tombé en démence, soit par suite d'un trop grand excès de travail, soit par la douleur qu'il eut d'avoir vu consumer par un incendie son laboratoire de chimie et plusieurs manuscrits importants. Cette étrange révélation causa un étonnement général et donna lieu aux plus étranges commentaires. Comme Newton avait publié après l'*Optique* et *les Principes* de grands ouvrages théologiques, certains esprits crurent voir dans la crise signalée par M. Biot l'événement qui avait fait succéder chez Newton la ferveur religieuse à la ferveur scientifique. Sir David Brewster accusa Laplace d'avoir provoqué d'indiscrètes recherches pour éclaircir ce problème délicat ; il attribua de semblables intentions à M. Biot, et prétendit qu'il avait en quelque sorte « excusé Newton d'avoir écrit sur des sujets théologiques, en rapportant cette classe de ses travaux à un esprit usé par l'âge et affaibli par un premier dérangement. » Pour faire sentir combien l'accusation de sir David Brewster était injuste, il suffit de rappeler dans quels termes s'exprimait M. Biot sur les recherches théologiques de Newton. En se demandant comment un esprit si rigoureux avait pu se livrer à de semblables études, il écrivait : « La réponse à cette question nous semble devoir être puisée tout entière dans les idées et les habitudes du siècle où Newton vivait. Non-seulement Newton était religieux, sincèrement chrétien ; mais toute sa vie s'écoula, toutes ses affections se concentrèrent dans un cercle d'hommes, qui, pénétrés des mêmes doctrines, étaient dévoués par état à les propager, ou se consacraient par goût à les défendre. Usant du droit d'examen réclamé par toutes les sectes protestantes, les savants anglais de cette époque prenaient plaisir à mêler aux recherches des sciences les discussions théologiques, et ils se trouvaient d'autant plus portés vers ces dernières, que la cause de la religion protestante était devenue celle de la liberté politique. ». M. Biot cite à cette occasion les écrits théologiques de Boyle, de Wallis, de Barrow, de Winston et de Clarke, les élèves de Newton, enfin de Leibnitz lui-même. Dans sa curieuse notice sur Napier, l'inventeur des logarithmes, il nous montre aussi le baron écossais essayant longtemps avant Newton d'interpréter les prophéties bibliques, et cultivant la théologie en même temps que les mathématiques pendant les rares loisirs que lui laissaient les guerres civiles de son temps.

Si les interprétations de sir David Brewster ne méritent pas une sérieuse réfutation, le fait même auquel elles se rapportent est à coup sûr digne d'examen. Sir David Brewster, pour combattre l'opinion de M. Biot, qui avait adopté sans hésiter le récit fait à Huyghens, a recherché avec grand soin tout ce que Newton a écrit à l'époque de l'accident mentionné par Huyghens dans sa note. Il a publié deux lettres écrites par Newton peu de temps après l'incendie de ses manuscrits ; l'une est adressée à Locke, l'autre à Pepys, secrétaire de l'amirauté : il faut avouer que le biographe anglais n'a pas été heureux dans son choix. Ces lettres ont un ton fort bizarre, et M. Biot vit dans l'étrangeté même du style une preuve nouvelle du dérangement d'esprit de Newton. L'argument, à vrai dire, nous paraît bien forcé, car, ne connaissant pas les circonstances auxquelles ces lettres se rapportent, nous ne pouvons réellement les comprendre ; si avec trois lignes de l'écriture d'un homme on peut le faire pendre, il n'en faudrait souvent pas plus pour le convaincre de folie. Sir David Brewster a fourni un argument plus décisif à sa cause, quand il a découvert qu'à l'époque de sa prétendue folie, Newton composait ses fameuses lettres à Bentley, où il entreprenait de montrer quelles preuves nouvelles les lois astronomiques qu'il avait découvertes apportaient à l'existence de Dieu. En examinant et comparant les dates avec le plus grand soin, en circonscrivant l'époque de la folie dans, les limites de temps les plus étroites, M. Biot est lui-même obligé de convenir que l'une au moins de ces lettres a été écrite pendant que l'esprit de Newton était encore troublé ; il se tire d'embarras en attaquant les arguments employés par Newton et en s'efforçant d'en montrer la faiblesse : je n'entreprendrai point de les défendre, mais le ton grave de la lettre à Bentley, la suite du raisonnement, la hauteur même du sujet, tout rend bien difficile de croire que l'esprit de Newton fût alors dérangé. Quand il cherchait à démontrer qu'il y a un Dieu, parce que la loi d'attraction universelle, en expliquant la perpétuité du mouvement, n'apprend rien sur l'origine du mouvement même, pouvait-il avoir perdu la raison au point de ne plus comprendre, comme on le lit dans la note d'Huyghens, le grand ouvrage où il

Auguste Laugel

avait démontré cette loi ? Aussi bien que Leibnitz, Huyghens était jaloux de la gloire de Newton : il décria ses découvertes en mainte occasion et accueillit sans doute avec un peu trop d'empressement le récit de cette folie, qui ne paraît avoir été qu'une indisposition très passagère, causée par l'excès du travail et, comme Newton l'explique lui-même, par de longues insomnies.

Au reste, si l'on conserve encore quelque doute relativement à cette crise mentale, on a pu du moins acquérir la certitude, et c'est là le point le plus important du débat, que l'esprit de Newton n'a jamais subi un affaiblissement permanent, comme M. Biot le pensait en 1816. M. Biot a plus que tout autre contribué à rectifier cette erreur, en retrouvant dans les correspondances de Newton publiées depuis la trace d'importantes découvertes. Nous savons aujourd'hui, à n'en pas douter, que l'esprit du grand homme a conservé sa force et son activité jusqu'au dernier moment. Il est bien vrai que, dans la correspondance de Newton et de Flamsteed, qui lui fournissait ses précieuses observations, M. Biot constate une interruption de 1692 à 1694, mais dès cette dernière année nous voyons Newton approfondir la difficile théorie des mouvements de la lune et y découvrir des inégalités d'un ordre très délicat : « nouvelle preuve, dit M. Biot, de cette pénétration incomparable de son génie, qui lui faisait pour ainsi dire pressentir les vérités physiques à travers les obstacles encore insurmontables qui l'en séparaient. » Dans cette même correspondance, M. Biot a fait une très importante découverte : il y a trouvé l'origine de la table composée par Newton pour corriger les observations astronomiques des effets de la réfraction atmosphérique. Cette table fut communiquée par Halley, sans explication, à la Société royale, de sorte qu'on ne savait si elle avait été composée à l'aide d'une théorie, ou seulement empiriquement. M. Biot a retrouvé dans les lettres à Flamsteed les bases d'une théorie relative à cette difficile question ; il est parvenu à ressaisir en quelque sorte dans la table de Newton toute la série des opérations auxquelles le grand astronome avait eu recours. Il le proclame « créateur de la théorie des réfractions atmosphériques, comme il l'est de la théorie de la gravitation. »

N'aurait-on pas toutes ces preuves de l'ordre scientifique, on pourrait, ce me semble, trouver dans la vie publique de Newton la garantie que ses contemporains ne crurent jamais son intelligence en péril. La charge de garde de la monnaie ne fut point pour Newton une sinécure : ses amis et ses protecteurs n'auraient jamais songé à l'appeler à ce poste, s'il avait eu auparavant un véritable accès de folie ; ils eussent, à bon droit, redouté de mettre de nouveau sa raison en danger, en lui imposant la laborieuse tâche de refondre toute la monnaie du royaume. Il faut savoir qu'au moment où cette mesure fut ordonnée, la déplorable habitude de rogner les pièces d'argent avait amené l'Angleterre à la veille d'une véritable révolution. Quand Montague confia, dans ces circonstances critiques, la garde de la monnaie à Newton, il était nécessaire d'opérer une révolution complète dans cet établissement. Newton se voua à ses fonctions avec une activité extrême, et réussit à abréger au-delà de tout ce qu'on avait espéré la difficile période de transition qu'entraîne une réforme monétaire complète.

M. Biot n'entre pas dans ces détails, qui ont pourtant de l'intérêt : il est vrai que, dans toutes ses études sur Newton, il ne se montre préoccupé que de ce qui concerne le rôle et l'importance scientifiques de ce grand homme. Il cite à peine quelques circonstances de sa vie publique, et quand il le montre, membre silencieux du parlement, n'ouvrant jamais la bouche, même sur les sujets spéciaux qui touchaient à l'astronomie, c'est pour déplorer que la politique ait enlevé aux sciences une partie d'un temps si précieux. Les compatriotes de Newton jugent autrement sa conduite : ils ne lui savent pas mauvais gré d'avoir été, en même temps qu'un grand mathématicien, un patriote, d'avoir soutenu contre Jacques II les antiques privilèges de l'université de Cambridge, d'avoir appuyé constamment de ses votes et de l'autorité de son nom le parti qui mit Guillaume d'Orange sur le trône, et jeta sous son règne glorieux les fondements les plus solides de la puissance actuelle de l'Angleterre.

Le dédain de M. Biot pour les services que Newton a pu rendre comme homme public n'a rien d'exceptionnel ; il est, on peut le dire, systématique. M. Biot ne perd pas une occasion de montrer que ceux qui cultivent les sciences doivent soigneusement éviter de s'égarer dans le domaine de la politique. Il leur interdit de descendre de ces lieux élevés dont parle en si beau langage le poète latin : *sapientum templa serena*. Les titres les plus nombreux, les plus brillants à l'admiration de la postérité ne peuvent les absoudre d'une participation même momentanée aux affaires publiques. Il voit dans une abstention prudente la seule garantie de l'indépendance, la seule sauvegarde de la dignité. Celui qui se mêle au mouvement de son temps compromet son repos, sa gloire, sacrifie des biens véritables à des biens éphémères, des conquêtes éternelles à des conquêtes d'un jour. En traçant dans son discours de réception à l'Académie française les caractères du vrai savant, M. Biot disait : « Celui qui se sera voué à ces études contemplatives avec une passion profonde et sincère s'y trouvera aussi complètement dispensé de prendre part aux affaires publiques que s'il vivait dans Saturne et dans Jupiter. » Qui pourrait dire que Newton ne se soit pas voué à l'étude du ciel avec une passion profonde et sincère ? Il ne se crut pourtant pas dispensé d'être un whig. Voudrait-on vivre comme dans Jupiter et dans Saturne, il y a des événements qui nous rappellent durement que nous sommes sur la terre. M. Biot pouvait-il l'oublier quand il se trouvait, comme il le raconte dans ce livre même, durant les sanglantes journées de juin, au Collège de France « enfermé durant deux jours et deux nuits, entouré de feu et de mitraille, attendant le pillage et l'incendie ? » Suffit-il de déplorer d'aussi épouvantables catastrophes, d'élever des plaintes éloquentes et découragées sur l'abaissement de son temps ? De tels événements seraient-ils possibles, si les devoirs politiques étaient pratiqués par tous, et si l'on n'en était exempté par rien, même par le génie ? On ne s'est jamais avisé de reprocher à Franklin, dont M. Biot donne aussi dans ses *Mélanges* l'intéressante biographie, de n'avoir pas consacré tous ses instants à l'étude de l'électricité et d'en avoir fait servir quelques-uns à l'affranchissement de son pays. La France ne doit pas regretter que Carnot ait pour un temps abandonné ses recherches mathématiques afin d'organiser la défense nationale. Les sciences n'ont peut-être jamais reçu une plus vive impulsion que pendant cette période troublée de notre histoire. C'est que l'esprit est une puissance indépendante : il souffle où il lui plaît et quand il lui plaît, il conserve sa puissance et parfois prend plus de ressort au milieu des plus terribles agitations. Celui dont une pensée, une passion profonde s'est emparée, la promène partout avec lui, dans le bruit comme dans la solitude, dans les camps comme dans les cours. Archimède inventait des théorèmes dans une ville assiégée, et Paul-Louis Courier lisait Homère entre deux batailles.

Les travaux scientifiques de M. Biot ne l'ont pas empêché de s'intéresser à toutes les choses, à tous les événements de son temps. Les sujets les plus divers l'ont occupé : l'économie sociale, l'éducation publique, les recherches historiques, les découvertes géographiques, la littérature. On trouvera dans les *Mélanges*, à côté d'une étude sur Montaigne, des dissertations sur la condition du peuple en Ecosse, sur l'agriculture dans l'ancienne Normandie, sur la situation de l'Irlande. En exerçant sur des matières si diverses son esprit critique, M. Biot n'a nui en aucune façon à ses recherches astronomiques et physiques. Quelques-uns de ces travaux variés mériteraient une analyse spéciale ; mais elle ne pourrait rentrer dans le plan de cette étude, où l'on a cherché surtout à faire apprécier l'importance en même temps que les difficultés et les caractères particuliers de l'histoire scientifique. Les pages que M. Biot a écrites sur Galilée et Newton en sont à certains égards d'excellents modèles, et on a dû s'y arrêter de préférence, fin choisissant dans le plus grand siècle scientifique deux noms illustres, dont l'un en marque le début, l'autre la fin, on voit comment dans un temps si court la méthode expérimentale et le raisonnement ont traversé tout l'espace qui sépare l'ignorance la plus profonde de la connaissance des lois les plus générales de l'univers. Dans ce grand mouvement des esprits, l'historien doit apprécier le rôle particulier de tous ceux qui y ont été mêlés, montrer ce que chacun doit aux autres et ce qu'il leur a donné : tâche souvent très difficile, et qui exige, en même temps qu'une vaste érudition, un sentiment critique des plus délicats. C'est cette partie scientifique des Mélanges de M. Biot qui mérite les plus grands éloges. Il ne se contente pas d'analyser d'une manière fidèle les travaux des grands hommes dont il s'occupe ; il ne les présente jamais isolés : on les voit précédés, entourés de tous ceux dont ils ont emprunté le secours. Quand M. Biot montre Napier, ce chef singulier d'une singulière famille où l'audace et la bizarrerie semblent héréditaires, découvrant les logarithmes dans son château féodal, il n'oublie pas de remarquer que, sans le secours inespéré de cette précieuse invention, Kepler n'aurait pu achever ses fameuses *Tables rudolphines*, et que le génie mathématique de Newton n'aurait dès lors pas trouvé tout préparés les éléments qui servirent de base à la théorie de l'attraction universelle.

Cette intime solidarité des sciences est une des considérations auxquelles la critique scientifique doit le plus s'attacher. La dépendance mutuelle des esprits n'a rien d'humiliant pour les individus : elle ne rabaisse pas la gloire d'un Kepler ou d'un Newton ; elle rehausse et ennoblit les efforts en apparence les plus obscurs, en montrant qu'ils préparent et facilitent les découvertes de l'avenir. C'est aujourd'hui surtout, à une époque où l'on s'habitue trop aisément à mesurer l'importance de toute chose par les avantages directs qu'on peut en retirer, qu'il importe de rappeler ces vérités. Le géomètre inconnu au vulgaire, qui passe sa vie à combiner des symboles, peut, par l'heureuse solution d'une difficulté analytique, donner un guide nouveau aux sciences d'observation, et les conduire aux plus importantes découvertes. Il ne faut pas que les merveilles de l'industrie fassent oublier les travaux de l'ordre purement scientifique. Croit-on que l'histoire de la mécanique soit celle de toutes ces machines dont le nombre ne peut déjà plus être compté, qui suppléent l'homme en toute chose, et travaillent partout pour lui ? Ne faut-il pas savoir en premier lieu par quelle série d'efforts on a découvert les lois du mouvement, se familiariser avec ces grands principes qui règlent l'action et la réaction des diverses parties d'un mécanisme, quelle qu'en soit la nature ?

L'histoire scientifique contribuerait puissamment à éclairer les esprits en les élevant vers les nobles origines de nos connaissances, en leur apprenant le prix des études abstraites, en les accoutumant à ne pas mesurer la gloire par l'utilité du moment ; mais à qui serait-elle plus utile qu'aux savants eux-mêmes ? Ils y apprendraient à se défier des systèmes, en voyant avec quelle facilité le temps les emporte devant lui ; ils verraient sous l'empire de quelles erreurs l'esprit humain a fait fausse route, comment il s'est trouvé ramené vers la vérité ; ils se fortifieraient contre l'opposition jalouse qui accueille en tout temps les idées nouvelles. En retrouvant dans les ouvrages de l'antiquité comme un pressentiment confus de presque toutes les grandes découvertes, ils sentiraient avec plus de force qu'il ne faut toucher légèrement à aucun sujet, et que la nature n'accorde ses secrets qu'à ceux qui les lui arrachent à force de patience et d'efforts.

Section II

Outre l'intérêt pour ainsi dire spécial qui s'attache aux études d'histoire scientifique, il en est encore un autre qui tient moins aux objets de la science elle-même qu'à ses rapports avec le temps et les hommes : c'est cette partie de leur tâche que les historiens des sciences ont presque toujours le plus négligée, quand ils ne l'ont pas complètement omise. On ne connaît cependant qu'à demi l'histoire des sciences, quand on ignore dans quelles circonstances, favorables ou contraires, elles ont accompli leurs progrès. Dans les études de M. Biot, Galilée, persécuté pour ses découvertes, ne forme-t-il pas un contraste plein d'enseignements avec Newton, comblé d'honneurs et entouré du respect universel ? Il nous importe d'apprendre pourquoi, suivant les temps et les pays, la science a eu des fortunes si diverses, poursuivi des objets si différents. Dédaigneuse des applications dans l'antique Grèce, elle est devenue aujourd'hui la servante de l'humanité, et s'efforce de satisfaire à tous ses besoins. Confondue dans les temps anciens avec la philosophie, elle s'en sépare dans les temps modernes, et tantôt reste son alliée, tantôt l'asservit, tantôt s'en déclare ennemie. Si nous la voyons, dans les pays où la réforme a triomphé, mettre humblement ses découvertes au service de la théologie, en France au contraire elle les tourne au XVIIIe siècle contre le christianisme, et en face de Rome élève l'*Encyclopédie*. Le rôle personnel assigné aux savants dans les diverses sociétés a subi des contrastes non moins singuliers : après la renaissance, ils ne forment encore qu'une république peu nombreuse et ignorée ; leurs communications sont rares, difficiles, enveloppées de mystère ; leurs travaux ne sont pas connus hors du cercle le plus étroit. Peu à peu la science, enhardie par ses premiers succès, sort de l'obscurité et de la retraite. De nos jours, elle a si bien changé la condition des peuples par une succession d'étonnantes découvertes, que son nom est dans toutes les bouches. Son personnel est si nombreux, qu'on ne peut plus le compter : elle se mêle de plus en plus au mouvement extérieur des sociétés ; elle a sa place partout, dans les conseils des nations, dans les armées, sur les flottes ; elle a perfectionné les arts de la guerre et de la paix ; elle gouverne l'industrie, elle conseille l'agriculture ; elle est devenue l'arme la plus puissante de la civilisation. Le récit de ces étonnantes transformations doit nécessairement tenir une place importante dans l'histoire des sciences. En s'ajoutant aux études de critique proprement dite, il n'en diminue en rien l'importance, et tend au contraire à la rehausser. Ce n'est qu'en montrant comment toutes les inventions qui nous éblouissent dérivent d'un certain nombre de principes généraux, en ramenant sans cesse la pensée vers les vérités abstraites qui sont les bases de nos connaissances, qu'on fait une œuvre véritablement scientifique ; mais ce n'est qu'en combinant, dans d'heureuses proportions, deux ordres de considérations, les unes essentiellement tirées des sciences elles-mêmes, les autres propres à en caractériser l'influence philosophique et sociale, qu'on réussit à produire un ouvrage achevé, qui mérite de prendre place dans l'histoire.

ISBN : 978-1541104402

www.ingramcontent.com/pod-product-compliance
Lightning Source LLC
Chambersburg PA
CBHW061452180526
45170CB00004B/1675